康小智图说系列·影响世界的中国传承

改变世界进程的火药

陈长海 编著　海润阳光 绘

山东人民出版社·济南

国家一级出版社 全国百佳图书出版单位

图书在版编目（CIP）数据

改变世界进程的火药 / 陈长海编著；海润阳光绘 .--
济南：山东人民出版社，2022.6
（康小智图说系列 . 影响世界的中国传承）
ISBN 978-7-209-13649-5

Ⅰ . ①改… Ⅱ . ①陈… ②海… Ⅲ . ①火药—技术史
—中国—古代—儿童读物 Ⅳ . ① TJ41-49

中国版本图书馆 CIP 数据核字（2022）第 062579 号

责任编辑：郑安琪　魏德鹏

改变世界进程的火药
GAIBIAN SHIJIEJINCHENG DE HUOYAO

陈长海　编著　海润阳光　绘

主管单位	山东出版传媒股份有限公司	规　格	16 开（210mm×285mm）
出版发行	山东人民出版社	印　张	2
出版人	胡长青	字　数	25 千字
社　址	济南市市中区舜耕路 517 号	版　次	2022 年 6 月第 1 版
邮　编	250003	印　次	2022 年 6 月第 1 次
电　话	总编室（0531）82098914	印　数	1-13000
	市场部（0531）82098027	ISBN 978-7-209-13649-5	
网　址	http://www.sd-book.com.cn	定　价	29.80 元
印　装	莱芜市新华印刷有限公司	经　销	新华书店

序

　　亲爱的小读者，我们中国不仅是世界四大文明古国之一，更是古老文明不曾中断的唯一国家。中华文明源远流长、博大精深，是中华民族独特的精神标识，为人类文明作出了巨大贡献，提供了强劲的发展动力。我们的"四大发明"造纸术、印刷术、火药和指南针，改变了整个世界的面貌，不论在文化上、军事上、航海上，还是其他方面。如果没有"四大发明"，人类文明的脚步不知道会放慢多少！

　　"四大发明"只是中华民族千千万万发明创造的代表，中国丝绸、中国瓷器、中国美食、中国功夫……从古至今，也一直备受推崇。尤其值得我们自豪的是，这些古老的发明，问世之后，不仅造福中国人，也造福全人类；不仅千百年来传承不断，还一直在发展和创新。以丝绸为例，我们的先人在远古时期就注意到了蚕这样一只小小的昆虫，进而发明了丝绸。几千年来，丝绸织造工艺不断提升，陆上丝绸之路、海上丝绸之路不断开辟，丝绸成为全人类的宝贵财富。如今，蚕丝在医疗、食品、环境保护等各个领域都得到了广泛的应用，受到了人们的高度重视和期待。事实说明，中华民族不但善于发明创造，也善于传承创新。

　　亲爱的小读者！本套丛书，言简意赅，图文并茂，你在阅读中，一定可以感受到中国发明的来之不易和一代代能工巧匠的聪明智慧，发现蕴含其中的思想、文化和审美风范，从而对中华民族讲仁爱、重民本、守诚信、崇正义、尚和合、求大同的民族性格和"天下兴亡，匹夫有责"的爱国主义精神产生崇高的敬意和高度认同，增强做中国人的志气、骨气和底气。读完这套书，你会由衷地感叹：作为中国人，我倍感自豪！

侯仰军

2022 年 6 月 1 日

（侯仰军，历史学博士，中国民间文艺家协会分党组成员、副秘书长、编审）

炼丹炉里诞生的火药

火药是我国古代的四大发明之一，它的用途非常广泛，既可以化作天空中灿烂的烟花，也可以化身成战场上威力无比的武器。火药是怎么被发明出来的呢？这要从古人的长生不老梦说起。

你们要仔细寻找，不要放过任何一个角落。

在我国古代，有着这样的传说：人只要吃了仙药就能长生不老。秦始皇派徐福出海为他寻找仙药。虽然最后失败了，却催生了一个新的行业——炼丹业。

一群道士加入这个行业。对用什么材料炼制丹药，他们分成"金石派"和"草木派"两派，为此争论不休。

中草药含天地日月之精华！

草木派

金石之物不腐不烂，这种特性才能让人长生不老！

天地间自然生长的东西才能让人长寿！

金石派

草木自身都那么容易腐烂，怎能让人长寿？

4

最终，"金石派"获得了胜利。自此炼丹业达成共识：金石不腐不朽，用它炼成的丹药才能让人长生不老。

被奉为"炼丹指南"的《周易参同契》上记载了"金性不败朽，故为万物宝，术士服食之，寿命得长久"的观点。

然而，用金玉矿物炼出来的丹药导致很多达官贵族服用后中毒而亡。

经过长期实践，炼丹师们发现用火煅烧金石可以降低毒性，他们把这种方法称为"伏火法"。

有毒不怕，用火烧一烧就没了。

这丹药终于炼成了，我等这一天等了好久。

炼丹师们用伏火法炼丹药时最常用的配料是木炭、硫黄和硝石，这歪打正着地凑齐了火药的成分。

不过，用伏火法炼丹药时经常发生爆炸。

后来，炼丹师们终于意识到这些爆炸事故往往是在加入"木炭、硫黄和硝石"这三种成分之后发生的，经过无数次试验，人们逐渐掌握了这三者的配制比例，火药从此诞生了。

除了火药之外，炼丹师们在无数次的"试错"中，还发现了汞红、胭脂红等染料。

用汞红染出的颜色实在太好看了！

古人真有智慧啊！发明出来的这些化学操作方法给我们的实验带来了很大的便利。

看来我们这一批布要大卖了！

是啊，古人当时是怎么想出来的呢？

炼丹师们还发明出加热、蒸馏、煅烧等后来被称为化学操作的方法，他们也意外地成了我国历史上最早的一批"化学从业者"。

我不懂什么化学实验，我一心只想炼出长生不老丹。

长生不老丹

科学大道

炼丹师们凭借着自己对长生不老药的执念，一路直奔化学的"科学大道"。

揭开火药配方的神秘面纱

从炼丹炉里诞生的火药为什么有那么大的威力？这个被炼丹师歪打正着凑齐了成分的火药配方到底有什么神秘之处？随着火药的诞生，这些秘密被——揭开。

火药的基本成分：
木炭、硫黄、硝石

硝石

硫黄

木炭

别看我长得黑不溜秋的，作为燃料，我可比木柴高级多了。

哼！你还是用我炼出来的呢！

木炭

木炭燃烧时产生的烟雾比木柴小，释放的热量也更多。

将木柴堆起来，在上面盖上树叶并糊上泥巴，在顶部和底部留出通气孔，点燃木柴堆，这种闷烧木柴的方法可以烧制出木炭。

通气孔

通气孔

吃完那副药，我感觉神清气爽，看来是硝石起药效了。

硝石

硝石是一种天然矿物，也是一味药材。古人一般把覆盖在地上的粉末状硝石叫作"地霜"。通过对地霜进行提纯就可以得到硝石的结晶。

我是一种矿物，虽然我的味道不好闻，但我也是很重要的药材哟！我可以解毒、杀虫、治病。

咦？这看起来像是一堆"地霜"啊。

硫黄

硫黄是一种淡黄色的结晶物质或粉末，易挥发，有特殊的臭味。

我在自然界随处可见，想找到我非常简单。

东晋时期人们就已经会通过实验的办法来辨别硝石了。陶弘景的《本草经集注》中就记载："以火烧之，紫青烟起，云是硝石也。"

9

火药走进古人的生活

虽然火药没有让人长生不老，但是在治疗疮癣、杀虫、辟湿气时还是非常好用的。另外，火药被做成烟火后，几乎成为各大节日和庆典中的"主角"，灿烂的烟花将节日装扮得热闹而又喜庆。

这个人居然能从嘴巴里喷出来火焰，实在太厉害了！

世界上最早有烟火记载的朝代是**西汉**，当时出现了"含雷吐火"之术，即用非常少量的火药，"吐"出类似于烟花的彩色火焰。

隋唐时期，烟火表演成为宫廷特供，只供皇亲国戚赏玩。

火药出现之前，古人把竹子放在火上烧，竹子爆裂后发出声响，以驱逐"鬼怪"，这也是"爆竹"名字的由来。**唐朝**时期，人们把火药填到竹筒里做出了"升级版"的爆竹。

好响的爆竹啊！

是啊，这比以前烧竹子可响多了！

宋朝的时候，烟火生产技术有了很大进步，产量也呈井喷式增长。烟花和烟火表演开始走"君民同乐"的亲民路线。

实在是太美了！

这烟火照得黑夜跟白天一样啊！

赠放烟火者

[元] 赵孟頫

人间巧艺夺天工，
炼药燃灯清昼同。
柳絮飞残铺地白，
桃花落尽满阶红。

元代的烟火制造水平非常高。烟花不但种类繁多，而且绚烂多彩。

明代，以火药为动力的小型木偶戏非常兴盛，有趣的情节加上灿烂的烟火，深受人们的喜爱。

清朝时期，烟花表演就更加盛大了，过年期间要接连表演好几天。

好漂亮的烟火！木偶戏实在是太有意思了。

小木偶自己转起来了！

11

古代战场上的"黑色战神"

火药发明以前，作战时使用的都是冷兵器，将士们在战场上基本都是一对一地"舞刀弄剑"；火药发明以后，军事家们又发明出火药武器，有了火药武器，将士们在战场上不仅可以"一对多"，只要武器够先进，甚至可以"以一敌万"，这些武器很多都是现代武器的"鼻祖"。

发机飞火

再给他们来几发！

又打中了！
哈哈哈——

唐朝时期，人们发明了一种新的武器——"发机飞火"。用抛石机将点燃引线的球状火药抛出去。它的应用宣告了我国历史上首个火药武器的诞生。

宋朝非常重视火药在军事上的应用，宋神宗专门设置了名为"军器监"的军事机构，相当于"军事武器研究院"，鼓励火器研制。

官家，自从设置了奖励政策后，军中研制火器的热情很高啊！

12

宋朝时的蒺藜（jí lí）火球主要用来对付敌人的骑兵。把蒺藜火球扔到敌人马下，熊熊大火燃烧起来，加上巨大的爆炸声，敌人的马就会乱作一团。

> 快跑！我的马快被烤熟了。

蒺藜火球

宋朝时的毒药烟球可以说是我国历史上最早的"生化武器"。它重达五斤，含硫黄、焰硝、狼毒、砒霜以及木炭灰等成分，可谓"集众毒于一身"。虽然不能爆炸，但是它散发出的毒烟雾可以让对方人仰马翻。

> 毒药烟球的威力可真猛呀！

毒药烟球

> 没被敌军打死，却要被毒死了。

> 这种球有毒啊！快跑——

1132 年，南宋军事家陈规发明了用粗竹筒制作的火枪。即把火药装在竹筒里，作战时点燃火药向敌军发射。

> 他们这是想用火烧死我们啊！赶快往后退。

火枪

世界上最早的步枪——突火枪就是由火枪改良而来的。不同的是，突火枪里面有"子窠"，点燃引线后，火药喷发，将"子窠"射出。不过"子窠"就是原始的子弹。突火枪的枪管是由竹子制成的，若加热时间过长便会炸膛。

大家小心，别让突火枪在自己的手里爆炸了！

突火枪

让你们尝一尝突火枪的厉害！

元朝在宋朝突火枪的基础上进行了改良，制造了金属外壳，这就是最早的火铳（chòng）。

不管发射多少发，铳管都不会爆炸。

敢来攻城？我这里有各种各样的铁火炮等着你们呢！

火铳

有了金属外壳，火铳就不会因为加热时间过长而炸膛了，确保了武器使用者的安全，也提升了武器威力。

元朝铁火炮又被称为"震天雷"，其外壳是金属的，里面装有火药。铁火炮是我国最早的金属炸弹，其有各种各样的形状，如合碗式、罐式、葫芦式等。

铁火炮

明朝时，明成祖建立了神机营，这是世界上第一支由朝廷直接指挥的作战机动部队。

神机营的武器装备精良，每个神机营的士兵都配有火铳。

迅雷铳是明代的火器专家赵士桢发明的。

铳管尾部的尖刺亦可用作长矛。

敌兵们，来感受一下密集的火力吧！

看，一个士兵就可以单独操作迅雷铳！它同时具备了好几种武器的功能，实在太强了！

迅雷铳

铳管上配置了一个圆形的盾牌防御敌军攻击。

铳上装有5个铳管，可以依次轮转连续发射5次。

发射支撑架是一把锋利的斧子，射击完后可以当作武器。

明朝时期的"火龙出水"是用竹木制成的。龙身外捆着 4 支用来点火的大火箭，龙腹内装有很多支小火箭。大火箭被点燃后会推动整个火器飞行，等到大火箭里的火药燃尽后会自动引燃龙腹内的小火箭，小火箭就会从龙口射出去。

火龙出水

明朝时期的虎蹲炮，因外形像猛虎蹲坐的样子，而得名"虎蹲炮"。它是戚继光率领的戚家军最常用的火炮。

虎蹲炮

我不挑地形，哪里都能蹲，哪里都能打。

最熟悉武器的人莫过于在战场上带兵打仗的将领，所以很多将领不但是武器的使用者，也是武器的发明者。

戚继光小档案

人　　物：戚继光
朝　　代：明
荣誉称号：抗倭英雄
装备发明：戚氏军刀、虎蹲炮等

三眼铳是一种适合近距离射击的短火器，在战场上和虎蹲炮结合在一起使用，既可近打又可远攻，使作战方的战斗力大增。

三眼铳

我的三眼铳就喜欢打跑在前面的骑兵。

水底龙王炮是一种漂在水面上的水雷，简称"漂雷"。它需要根据敌船离漂雷的距离提前点燃引线，在敌船靠近时引发爆炸。

我安的引线长度正好，敌船一到，正是炸药爆炸的时候。

敌人的船只就要到了。

引线

羽毛

牛膀胱

漂雷

漂雷是用牛的膀胱（密不透水）装满黑火药做成的，用香来做引线，引线用羊肠或者羽毛管套起来防止被水浸湿。引线的一头在漂浮的木板上或者羽毛下面，另一头连着漂雷。

火箭的前世今生

我国是最早发明火箭的国家。火箭最开始只是战场上的一种武器，随着人们对火箭技术的不断研究和改进，火箭的用途也越来越广。如今，火箭踏入了太空领域，成为人类探索宇宙的神器。

先烧干净敌人的粮草，看他们还怎么应战。

宋朝时期的火箭其实就是"带火药包的弓箭"，士兵将火药包绑在弓箭上，点燃之后射向敌人。

火 箭

1161 年，**南宋**遭到金国侵略，抗金名将虞允文首次在战场上使用了火箭武器"霹雳炮"来对付金军，这是人类历史上第一次在战场上真正使用火箭武器。

霹雳炮

我们胜利了，敌人已经丢盔弃甲了！

明代的"一窝蜂"是将很多支单发火箭的引线并联在一起，点燃后万箭齐发。它可以称得上是我国最早的集束火箭。

这简直可以抵得上一长排弓箭手了！

一窝蜂

明代有一个人叫陶成道，受封"万户"官职。他把火箭绑在椅子上当作"飞行器"，想借助火箭的推力飞向天空，但最后失败了。

为了纪念他的探索精神，国际天文学联合会将月球上的一座环形山命名为"万户山"。

我一定会成功的！

主人，你可要当心啊！

明代制造火箭的技术提高了很多，具有代表性的是军用火箭"神火飞鸦"。其外型如同乌鸦，体内装有火药，在鸦身两侧各绑有两支火箭，点燃后利用火箭的反作用力向前推动，使"飞鸦"飞起来，"飞鸦"落地后内部火药被点燃爆炸。

神火飞鸦

这是什么鸟？肚子底下怎么还冒火花？

这家伙看起来是个厉害的角色，咱们离它远一点儿！

明朝时期，军事家发明了一种新式火箭，叫"火龙出水"，它是我国古代水陆两用火箭，也是世界上最早的二级火箭。

火龙出水

19

1805年，英国人康格里夫采用新型火药制造出一种杀伤力比较强的火箭，它射速快、射程远，机动灵活，很快成为各国战场上的"新宠儿"。

1926年，美国的罗伯特·戈达德博士成功发射了世界上首枚液体燃料火箭，虽然飞行时间只有2.5秒、飞行高度只有12.5米，但是它在火箭史上依然具有非常重大的意义。

在我之前，火箭是以固体火药燃料燃烧产生推力为动力的。

德国的冯·布劳恩在1942—1945年成功研制出大名鼎鼎的V2火箭，它也是进入太空的第一个人造物体，冯·布劳恩把人类的"飞天梦想"带入太空。

真的不敢想象，V2的发明者只有30多岁！

他简直就是本世纪最伟大的火箭科学家！

1957年，第一枚多级远程弹道火箭由苏联科学家科罗廖夫用运载火箭将第一颗人造卫星送入太空，一个半月后，苏联在太平洋发射成功。

1970年4月24日，我国自行设计制造的"长征一号"火箭成功将"东方红一号"卫星送入太空，翘首期盼的人们终于听到了由"东方红一号"从太空传来的《东方红》歌曲。从遥远的古代一路来到了现代，最终到达了太空，我国的火箭之路是一条漫长之路、艰辛之路，也是一条辉煌之路。

目前我国的火箭已经更新换代到了"长征八号"火箭，火箭已经成为航天器上天最快速便捷的"太空专车"。

从古代火箭的诞生，到现代火箭的发射，这是多么漫长的艰辛之路啊！

21

开启世界之旅的火药

火药在中国被发明以后，被应用到了各个领域，但是对当时世界上很多其他国家来说，火药还是一个既陌生又神奇的东西。随着中国与世界各国的交流频繁，火药也开始了它的世界之旅。

这趟中国之旅太划算了，居然淘到了神奇的"中国雪"，中国简直遍地都是宝。

唐朝时期，硝传到阿拉伯地区，由于硝颜色比较白，所以被当地人称为"中国雪"，他们当时看中的是硝的药用价值。

波斯商人将中国的硝带回波斯，由于硝的味道是咸的，所以他们把硝称作"中国盐"。

把"中国盐"带回波斯，它肯定能成为畅销货。

波斯人主要用"中国盐"来治病、冶金等。

怪物来了，它吐出来的烟雾有毒！大家快跑！

1219 年，成吉思汗在西征的过程中使用了火箭、火炮以及震天雷等火器。这些先进的火器使成吉思汗的西征之旅势如破竹。

13 世纪末到 14 世纪初，掌握了火药和火器制作技术的阿拉伯人将从中国传去的火筒和突火枪加以改良，发明出新的武器"马达法"。

咱们的马达法好厉害！

23

1274 年和 1281 年，元朝两次派兵东征日本，虽然由于海上风暴等原因没有取得成功，但是元朝使用的火器让手持长刀的日本武士受到了极大的震动。

1325 年，阿拉伯人在攻打西班牙时，用抛石机发射"火球"，西班牙惨败。阿拉伯人尝到了火药和火器技术的甜头。

再好的刀在火器面前就是一块废铁啊！

火器就是厉害啊！这么轻而易举地就把西班牙人打得落荒而逃了。

24

想要不打败仗，必须要有先进的武器才行。

欧洲人在与阿拉伯国家作战时见识到了火药的威力，开始学习制作火器的方法。

这是什么武器？居然这么厉害！

1338年，法国在跟英国交战时，使用了"震天雷"，这给英国军队非常大的打击。

终于得到这些宝贝了！

1543年，日本人从一艘载有中国人的走私船只上购买了火药和火器，并学会了制作方法，在近代将东亚乃至全世界都搅得不得安宁。

火药打开新世界的大门

火药和火器传播到世界其他国家后，不仅轰开了冷兵器时代西方城堡的大门，还催生了欣欣向荣的资本主义。小小的火药推动着历史的巨轮往前行进。

随着中国火药武器的传入，西方城堡的大门被轰开，骑士手里的剑变成一块废铁。随着骑士阶级的衰落，欧洲封建制度也走向了崩溃。

以后，这里就是我们的领土了！

推翻了封建制度的欧洲国家开始发展资本主义，他们发明出更先进的火器，开始建立自己的霸权。

瓶子是真空的，为什么火药在瓶子里照样能燃烧呢？

火药传到西方社会以后，科学家们对于其成分和着火原理进行了研究，并在 **18 世纪** 发现了氧气。氧气的发现使西方社会爆发了一场化学革命，推动了欧洲科学技术的发展。

硝石在火药的燃烧中充当了氧化剂的角色，提供了氧气。

在火药传到欧洲之前，欧洲采矿主要靠人工挖掘，速度十分缓慢。将火药

应用于开矿后，开采效率大大提高。金属矿的开采促进了金属制

造业的发展，给欧洲国家带来了巨大的财富。

都给我多用点儿力气！

西方的发明家想利用火药燃烧和爆炸时产生的能量为机械提供动力，但是他们发现这种能量不稳定，既而发明了蒸汽机，用蒸汽为机械提供动力。

火药燃烧产生的能量太不好控制了，还是蒸汽更好控制一些。

蒸汽机有火炮的血统。

——[英]贝尔纳

27

火炸药的发展简史

中国古代发明的火药可以说是世界上最早的炸药，被广泛用于军事，威力并不大。现代炸药诞生于 19 世纪的欧洲，它爆炸的威力猛烈。随着时代的发展，火药和炸药的界限越来越模糊，逐渐被统一称为"火炸药"。

我怕碰、怕热、怕火。

苦味酸

苦味酸又称为黄色炸药，是英国的沃尔夫在 1771 年合成的。它是最初级的现代炸药，一旦受热、遇到明火或者摩擦震动，都会立马爆炸。

离我远一点儿。

雷汞

雷汞由英国化学家霍华德在 1799 年制造而成。它稍微受到摩擦或和加热体接触，就会立马爆炸。

火棉

瑞士化学家舍恩拜某天打算烘干被硝酸和硫酸混合液浸湿的围裙，刚靠近火炉，围裙就被烧得干干净净，没有产生一点儿烟和灰。由此他意外地发现了"火棉"（硝化纤维），也就是无烟炸药的雏形。

硝化甘油

硝化甘油由意大利化学家索布雷于 1847 年发明出来，它是一种烈性液体炸药，稍微震动就会爆炸，威力非常大。

轻拿轻放

三硝基甲苯

三硝基甲苯（TNT）于 1863 年由威尔勃兰德发明。它是一种威力大又很安全的炸药，耐受撞击和摩擦，哪怕被子弹击穿也不会爆炸。在第二次世界大战结束之前，TNT 一直稳坐"炸药之王"的宝座。

在炸药王国里面，我才是真正的老大。

达纳炸药

瑞典著名化学家诺贝尔偶然发现硝化甘油与硅土混合后不但不会降低它的爆炸威力，还更加便于生产和运输。

这两种成分怎么混合到一起了呢？

硅土

达纳炸药

硝化甘油

"达纳"在希腊语中是"力量"的意思。达纳炸药也确实名副其实。

塑胶炸药

塑胶炸药（C4）外形像面粉团，可随意搓揉，它的威力极大。它能轻易通过 X 光检查，只有受过专业训练的警犬才能把它识别出来。

兄弟，别看我这么好揉捏，我要是爆炸起来，可是很恐怖的！

无烟火药

1884 年，法国化学家保罗·维埃利制成了第一种实用的无烟火药。

无烟火药燃烧后无残渣，且爆炸威力大。

现代生活中的多面手

在现代，火炸药在人们的生产、生活以及军事等领域的应用越来越广，火炸药不但越来越"听"人类的话，而且"脾气"也越来越好，"本领"也越来越大了！

1，2，3……28，29！你知道吗，29个焰火脚印象征着29届奥运会的历史足迹呢！

火炸药技术在现代不断发展，由火炸药制成的烟火在燃放时能达到令人惊叹的效果。

火炸药还能变身开山"大力士"，帮助人们搭桥修路，为生活在山区的人们带来便利。

火炸药在现代影视剧的拍摄中也发挥着重要作用，例如帮助影视剧制作烟雾特效等。

地质专家利用火炸药燃烧产生的离子探测地质资源，由此发现了很多珍贵的矿藏。

科学家们利用火炸药的爆炸威力发明出了自动灭火装置。在火灾发生时靠导火索引爆装置内的火药，瞬间启动灭火器，将灭火剂喷向着火处。这种装置灭火速度快，效率高。

火箭和导弹等航天器材需要依靠火炸药释放的高温高压气体产生的反作用力推进才能发射，火炸药是重要的发射能源。